# MATH WORKBOOK
## ADDITION AND SUBTRACTION

# Table of Contents

1. Addition Facts
2. Subtraction Facts
3. Two Digit Addition
4. Two Digit Subtraction
5. Three Digit Addition
6. Three Digit Subtraction
7. Practice for Addition and Subtraction

# ADDITION FACTS

1) 3 + 3 = ___
2) 5 + 3 = ___
3) 7 + 2 = ___
4) 9 + 6 = ___
5) 5 + 7 = ___

6) 8 + 4 = ___
7) 6 + 2 = ___
8) 7 + 3 = ___
9) 9 + 3 = ___
10) 8 + 7 = ___

11) 6 + 4 = ___
12) 8 + 3 = ___
13) 6 + 8 = ___
14) 2 + 9 = ___
15) 3 + 9 = ___

16) 5 + 6 = ___
17) 7 + 2 = ___
18) 3 + 7 = ___
19) 7 + 9 = ___
20) 7 + 7 = ___

# ADDITION FACTS

1) 5 + 9 = ___
2) 2 + 8 = ___
3) 8 + 9 = ___
4) 9 + 2 = ___
5) 4 + 8 = ___

6) 5 + 7 = ___
7) 9 + 3 = ___
8) 5 + 6 = ___
9) 9 + 9 = ___
10) 9 + 7 = ___

11) 6 + 8 = ___
12) 2 + 3 = ___
13) 6 + 9 = ___
14) 2 + 7 = ___
15) 8 + 3 = ___

16) 7 + 9 = ___
17) 9 + 3 = ___
18) 6 + 7 = ___
19) 8 + 8 = ___
20) 9 + 7 = ___

# ADDITION FACTS

1) 7 + 4
2) 7 + 8
3) 3 + 8
4) 5 + 6
5) 8 + 9

6) 5 + 7
7) 9 + 0
8) 0 + 8
9) 6 + 8
10) 3 + 6

11) 6 + 7
12) 9 + 2
13) 8 + 6
14) 6 + 9
15) 8 + 9

16) 5 + 8
17) 8 + 3
18) 9 + 2
19) 4 + 9
20) 3 + 8

# ADDITION FACTS

1) 7 + 9
2) 9 + 5
3) 7 + 9
4) 8 + 3
5) 4 + 9

6) 7 + 9
7) 8 + 9
8) 3 + 8
9) 3 + 8
10) 8 + 9

11) 4 + 7
12) 5 + 8
13) 8 + 4
14) 8 + 0
15) 2 + 3

16) 7 + 4
17) 4 + 9
18) 0 + 7
19) 1 + 8
20) 2 + 7

# ADDITION FACTS

1) 9 + 0

2) 3 + 8

3) 9 + 2

4) 0 + 3

5) 7 + 9

6) 7 + 9

7) 8 + 9

8) 2 + 8

9) 3 + 9

10) 3 + 9

11) 4 + 9

12) 9 + 8

13) 8 + 9

14) 8 + 9

15) 9 + 3

16) 5 + 4

17) 4 + 5

18) 0 + 5

19) 5 + 8

20) 2 + 5

# ADDITION FACTS

1) 8 + 0 = ___

2) 3 + 8 = ___

3) 9 + 8 = ___

4) 8 + 3 = ___

5) 7 + 8 = ___

6) 3 + 9 = ___

7) 8 + 3 = ___

8) 3 + 8 = ___

9) 3 + 8 = ___

10) 3 + 2 = ___

11) 4 + 9 = ___

12) 9 + 4 = ___

13) 4 + 9 = ___

14) 8 + 4 = ___

15) 4 + 3 = ___

16) 7 + 4 = ___

17) 4 + 7 = ___

18) 7 + 5 = ___

19) 5 + 7 = ___

20) 2 + 7 = ___

# ADDITION FACTS

1) 2 + 7 = ___
2) 3 + 7 = ___
3) 3 + 8 = ___
4) 8 + 7 = ___
5) 4 + 8 = ___

6) 4 + 9 = ___
7) 8 + 1 = ___
8) 8 + 8 = ___
9) 3 + 9 = ___
10) 3 + 6 = ___

11) 5 + 9 = ___
12) 9 + 7 = ___
13) 7 + 9 = ___
14) 8 + 4 = ___
15) 7 + 3 = ___

16) 4 + 4 = ___
17) 4 + 8 = ___
18) 3 + 5 = ___
19) 5 + 3 = ___
20) 2 + 3 = ___

# ADDITION FACTS

1) 2 + 9
2) 3 + 9
3) 9 + 8
4) 8 + 5
5) 5 + 8

6) 5 + 9
7) 8 + 5
8) 8 + 5
9) 5 + 9
10) 3 + 4

11) 7 + 9
12) 9 + 9
13) 3 + 9
14) 8 + 3
15) 7 + 7

16) 5 + 4
17) 4 + 5
18) 5 + 5
19) 5 + 9
20) 2 + 3

# ADDITION FACTS

1) 6 + 9

2) 8 + 9

3) 9 + 4

4) 2 + 5

5) 5 + 7

6) 5 + 7

7) 3 + 5

8) 8 + 3

9) 5 + 8

10) 7 + 4

11) 5 + 9

12) 9 + 8

13) 4 + 9

14) 8 + 5

15) 3 + 7

16) 6 + 4

17) 4 + 8

18) 3 + 5

19) 5 + 9

20) 7 + 3

# ADDITION FACTS

1) 7 + 9 = ___
2) 3 + 6 = ___
3) 9 + 5 = ___
4) 4 + 5 = ___
5) 5 + 3 = ___

6) 7 + 4 = ___
7) 5 + 5 = ___
8) 8 + 8 = ___
9) 5 + 9 = ___
10) 3 + 5 = ___

11) 6 + 9 = ___
12) 9 + 7 = ___
13) 3 + 4 = ___
14) 8 + 5 = ___
15) 6 + 7 = ___

16) 7 + 4 = ___
17) 4 + 4 = ___
18) 3 + 5 = ___
19) 5 + 2 = ___
20) 7 + 3 = ___

# SUBTRACTION FACTS

1) 3 − 3

2) 5 − 3

3) 7 − 2

4) 9 − 6

5) 5 − 7

6) 8 − 4

7) 6 − 2

8) 7 − 3

9) 9 − 3

10) 8 − 7

11) 6 − 4

12) 8 − 3

13) 6 − 8

14) 2 − 9

15) 3 − 9

16) 5 − 6

17) 7 − 2

18) 3 − 7

19) 7 − 9

20) 7 − 7

# SUBTRACTION FACTS

1) 9 − 5 = ___
2) 7 − 3 = ___
3) 7 − 5 = ___
4) 9 − 8 = ___
5) 5 − 3 = ___

6) 8 − 4 = ___
7) 6 − 2 = ___
8) 7 − 5 = ___
9) 9 − 3 = ___
10) 8 − 2 = ___

11) 6 − 3 = ___
12) 8 − 5 = ___
13) 6 − 4 = ___
14) 9 − 5 = ___
15) 9 − 9 = ___

16) 9 − 6 = ___
17) 9 − 2 = ___
18) 8 − 7 = ___
19) 9 − 4 = ___
20) 9 − 7 = ___

# SUBTRACTION FACTS

1) 9 − 2 = ___
2) 9 − 3 = ___
3) 7 − 4 = ___
4) 9 − 2 = ___
5) 9 − 7 = ___

6) 9 − 4 = ___
7) 9 − 2 = ___
8) 8 − 3 = ___
9) 4 − 3 = ___
10) 7 − 7 = ___

11) 0 − 4 = ___
12) 9 − 3 = ___
13) 0 − 8 = ___
14) 0 − 9 = ___
15) 3 − 0 = ___

16) 5 − 0 = ___
17) 7 − 3 = ___
18) 9 − 7 = ___
19) 9 − 3 = ___
20) 9 − 7 = ___

# SUBTRACTION FACTS

1) 7 − 3  2) 9 − 3  3) 4 − 2  4) 5 − 6  5) 9 − 7

6) 9 − 4  7) 8 − 2  8) 9 − 3  9) 5 − 3  10) 9 − 2

11) 0 − 4  12) 8 − 4  13) 6 − 0  14) 0 − 9  15) 3 − 0

16) 5 − 9  17) 0 − 2  18) 3 − 9  19) 5 − 9  20) 1 − 7

# SUBTRACTION FACTS

1) 7 − 3

2) 9 − 2

3) 7 − 5

4) 9 − 4

5) 5 − 3

6) 8 − 2

7) 6 − 5

8) 7 − 2

9) 9 − 3

10) 8 − 6

11) 6 − 5

12) 8 − 5

13) 6 − 9

14) 2 − 3

15) 3 − 5

16) 5 − 9

17) 6 − 2

18) 3 − 8

19) 7 − 4

20) 9 − 7

# SUBTRACTION FACTS

1) 4 − 3 = ___  2) 8 − 3 = ___  3) 7 − 4 = ___  4) 9 − 7 = ___  5) 2 − 7 = ___

6) 9 − 4 = ___  7) 6 − 0 = ___  8) 7 − 2 = ___  9) 0 − 3 = ___  10) 8 − 0 = ___

11) 4 − 4 = ___  12) 8 − 9 = ___  13) 2 − 8 = ___  14) 2 − 1 = ___  15) 0 − 1 = ___

16) 7 − 6 = ___  17) 7 − 0 = ___  18) 9 − 7 = ___  19) 3 − 9 = ___  20) 2 − 7 = ___

# SUBTRACTION FACTS

1) 7 − 3 = ___
2) 6 − 3 = ___
3) 4 − 4 = ___
4) 3 − 7 = ___
5) 5 − 7 = ___

6) 4 − 4 = ___
7) 3 − 0 = ___
8) 5 − 2 = ___
9) 2 − 3 = ___
10) 3 − 0 = ___

11) 2 − 4 = ___
12) 1 − 9 = ___
13) 2 − 8 = ___
14) 1 − 1 = ___
15) 2 − 1 = ___

16) 2 − 6 = ___
17) 1 − 0 = ___
18) 1 − 7 = ___
19) 2 − 9 = ___
20) 3 − 7 = ___

# SUBTRACTION FACTS

1) 3 − 4 = ___
2) 2 − 3 = ___
3) 5 − 4 = ___
4) 3 − 7 = ___
5) 2 − 2 = ___

6) 6 − 4 = ___
7) 4 − 0 = ___
8) 3 − 2 = ___
9) 2 − 3 = ___
10) 6 − 0 = ___

11) 3 − 4 = ___
12) 9 − 3 = ___
13) 6 − 8 = ___
14) 4 − 1 = ___
15) 3 − 1 = ___

16) 4 − 6 = ___
17) 5 − 0 = ___
18) 6 − 7 = ___
19) 7 − 9 = ___
20) 8 − 7 = ___

# SUBTRACTION FACTS

1) 4 − 3
2) 1 − 3
3) 2 − 4
4) 4 − 7
5) 5 − 7

6) 9 − 8
7) 6 − 9
8) 7 − 9
9) 0 − 9
10) 8 − 8

11) 9 − 4
12) 7 − 9
13) 6 − 8
14) 5 − 1
15) 4 − 1

16) 7 − 0
17) 7 − 8
18) 0 − 7
19) 3 − 0
20) 4 − 7

# SUBTRACTION FACTS

1) 9 − 3 = ___
2) 0 − 3 = ___
3) 8 − 4 = ___
4) 7 − 7 = ___
5) 6 − 7 = ___

6) 7 − 4 = ___
7) 5 − 0 = ___
8) 4 − 2 = ___
9) 6 − 3 = ___
10) 5 − 0 = ___

11) 4 − 9 = ___
12) 2 − 9 = ___
13) 2 − 9 = ___
14) 2 − 9 = ___
15) 0 − 9 = ___

16) 7 − 9 = ___
17) 7 − 8 = ___
18) 9 − 6 = ___
19) 5 − 9 = ___
20) 2 − 6 = ___

# 2 DIGIT ADDITION

1) 23 + 45

2) 76 + 33

3) 87 + 65

4) 37 + 87

5) 53 + 43

6) 23 + 65

7) 43 + 33

8) 24 + 63

9) 54 + 67

10) 54 + 35

11) 45 + 54

12) 83 + 69

13) 56 + 76

14) 49 + 42

15) 40 + 78

16) 46 + 77

# 2 DIGIT ADDITION

1) 56 + 24

2) 54 + 43

3) 45 + 76

4) 56 + 45

5) 98 + 43

6) 76 + 95

7) 76 + 55

8) 65 + 34

9) 45 + 87

10) 26 + 93

11) 32 + 17

12) 32 + 69

13) 96 + 34

14) 48 + 98

15) 76 + 88

16) 71 + 73

# 2 DIGIT ADDITION

1) 65 + 87

2) 73 + 56

3) 45 + 39

4) 70 + 73

5) 13 + 43

6) 54 + 15

7) 64 + 33

8) 78 + 63

9) 25 + 67

10) 54 + 39

11) 45 + 29

12) 69 + 69

13) 27 + 76

14) 49 + 26

15) 39 + 78

16) 46 + 18

# 2 DIGIT ADDITION

1) 98 + 25

2) 12 + 32

3) 23 + 76

4) 65 + 33

5) 89 + 43

6) 23 + 80

7) 20 + 33

8) 24 + 17

9) 19 + 67

10) 54 + 21

11) 45 + 27

12) 29 + 69

13) 37 + 76

14) 49 + 86

15) 40 + 29

16) 46 + 40

# 2 DIGIT ADDITION

1) 90 + 33

2) 23 + 87

3) 43 + 73

4) 65 + 33

5) 53 + 43

6) 78 + 34

7) 43 + 87

8) 34 + 98

9) 54 + 87

10) 54 + 35

11) 45 + 89

12) 83 + 69

13) 92 + 76

14) 49 + 83

15) 47 + 93

16) 46 + 27

# 2 DIGIT ADDITION

1) 70 + 36

2) 43 + 85

3) 33 + 72

4) 55 + 36

5) 55 + 33

6) 28 + 54

7) 63 + 97

8) 34 + 58

9) 34 + 84

10) 34 + 36

11) 75 + 85

12) 43 + 39

13) 42 + 86

14) 89 + 63

15) 57 + 43

16) 36 + 27

# 2 DIGIT ADDITION

1) 30
  + 54
  ___

2) 34
  + 76
  ___

3) 78
  + 98
  ___

4) 65
  + 45
  ___

5) 53
  + 46
  ___

6) 76
  + 33
  ___

7) 23
  + 87
  ___

8) 23
  + 17
  ___

9) 17
  + 87
  ___

10) 43
  + 13
  ___

11) 27
  + 82
  ___

12) 87
  + 29
  ___

13) 12
  + 71
  ___

14) 39
  + 84
  ___

15) 57
  + 63
  ___

16) 76
  + 17
  ___

# 2 DIGIT ADDITION

1) 70 + 63

2) 43 + 23

3) 66 + 43

4) 34 + 21

5) 13 + 76

6) 89 + 99

7) 32 + 77

8) 33 + 98

9) 54 + 87

10) 57 + 35

11) 45 + 89

12) 43 + 69

13) 52 + 76

14) 59 + 83

15) 27 + 93

16) 56 + 27

# 2 DIGIT ADDITION

1)  40
   +76
   ___

2)  23
   +33
   ___

3)  23
   +73
   ___

4)  65
   +13
   ___

5)  23
   +43
   ___

6)  78
   +64
   ___

7)  83
   +87
   ___

8)  34
   +28
   ___

9)  14
   +87
   ___

10) 74
   +35
   ___

11) 85
   +89
   ___

12) 73
   +49
   ___

13) 70
   +76
   ___

14) 49
   +32
   ___

15) 47
   +27
   ___

16) 46
   +29
   ___

# 2 DIGIT ADDITION

1) 71 + 83

2) 67 + 14

3) 56 + 79

4) 73 + 93

5) 47 + 43

6) 23 + 75

7) 94 + 80

8) 43 + 87

9) 90 + 67

10) 54 + 23

11) 76 + 34

12) 83 + 67

13) 93 + 37

14) 87 + 98

15) 34 + 94

16) 87 + 67

# 2 DIGIT SUBTRACTION

1) 23 − 17

2) 54 − 32

3) 76 − 23

4) 87 − 34

5) 55 − 19

6) 89 − 34

7) 98 − 56

8) 93 − 23

9) 34 − 19

10) 23 − 13

11) 83 − 37

12) 89 − 45

13) 84 − 34

14) 78 − 32

15) 99 − 47

16) 83 − 43

# 2 DIGIT SUBTRACTION

1) 78 − 34

2) 91 − 47

3) 93 − 67

4) 97 − 37

5) 87 − 23

6) 79 − 55

7) 95 − 37

8) 98 − 23

9) 78 − 19

10) 49 − 13

11) 90 − 37

12) 73 − 45

13) 89 − 34

14) 79 − 32

15) 69 − 47

16) 57 − 43

# 2 DIGIT SUBTRACTION

1) 57 − 32

2) 65 − 34

3) 37 − 12

4) 87 − 23

5) 76 − 43

6) 98 − 34

7) 73 − 32

8) 45 − 13

9) 83 − 45

10) 76 − 13

11) 63 − 37

12) 89 − 17

13) 84 − 57

14) 78 − 27

15) 99 − 76

16) 83 − 59

# 2 DIGIT SUBTRACTION

1) 79 - 36

2) 89 - 47

3) 76 - 17

4) 87 - 39

5) 93 - 89

6) 89 - 73

7) 91 - 56

8) 93 - 37

9) 54 - 19

10) 78 - 13

11) 98 - 37

12) 75 - 45

13) 94 - 34

14) 53 - 32

15) 79 - 47

16) 93 - 43

# 2 DIGIT SUBTRACTION

1) 56 - 13

2) 77 - 54

3) 86 - 43

4) 98 - 34

5) 54 - 19

6) 87 - 34

7) 45 - 23

8) 67 - 24

9) 27 - 19

10) 75 - 13

11) 84 - 37

12) 65 - 45

13) 87 - 34

14) 77 - 32

15) 81 - 47

16) 90 - 43

# 2 DIGIT SUBTRACTION

1) 56
  - 43
  ___

2) 76
  - 32
  ___

3) 88
  - 33
  ___

4) 89
  - 67
  ___

5) 98
  - 19
  ___

6) 67
  - 34
  ___

7) 67
  - 56
  ___

8) 87
  - 23
  ___

9) 47
  - 19
  ___

10) 27
  - 13
  ___

11) 76
  - 37
  ___

12) 87
  - 45
  ___

13) 67
  - 34
  ___

14) 87
  - 32
  ___

15) 56
  - 47
  ___

16) 89
  - 43
  ___

# 2 DIGIT SUBTRACTION

1) 76 − 56

2) 84 − 57

3) 86 − 53

4) 67 − 34

5) 85 − 47

6) 83 − 34

7) 97 − 56

8) 46 − 23

9) 78 − 19

10) 96 − 56

11) 53 − 37

12) 45 − 23

13) 73 − 34

14) 98 − 32

15) 95 − 45

16) 67 − 56

# 2 DIGIT SUBTRACTION

1) 54 - 39

2) 59 - 22

3) 77 - 43

4) 68 - 37

5) 78 - 19

6) 87 - 34

7) 90 - 56

8) 93 - 59

9) 67 - 19

10) 93 - 13

11) 83 - 21

12) 69 - 42

13) 67 - 19

14) 65 - 32

15) 34 - 23

16) 89 - 43

# 2 DIGIT SUBTRACTION

1) 67 − 43

2) 84 − 25

3) 63 − 25

4) 72 − 13

5) 84 − 23

6) 97 − 43

7) 86 − 54

8) 34 − 11

9) 96 − 43

10) 87 − 13

11) 46 − 37

12) 77 − 45

13) 90 − 44

14) 79 − 22

15) 59 − 27

16) 43 − 23

# 2 DIGIT SUBTRACTION

1) 29 − 17

2) 87 − 32

3) 76 − 22

4) 98 − 34

5) 89 − 19

6) 76 − 34

7) 93 − 56

8) 78 − 23

9) 78 − 19

10) 97 − 34

11) 89 − 43

12) 78 − 34

13) 74 − 34

14) 89 − 32

15) 23 − 12

16) 49 − 13

# 3 DIGIT ADDITION

1) 234
 + 455
 ___

2) 567
 + 564
 ___

3) 274
 + 489
 ___

4) 845
 + 973
 ___

5) 193
 + 543
 ___

6) 983
 + 978
 ___

7) 763
 + 232
 ___

8) 787
 + 165
 ___

9) 983
 + 662
 ___

10) 789
 + 644
 ___

11) 357
 + 894
 ___

12) 276
 + 869
 ___

# 3 DIGIT ADDITION

1) 673 + 987

2) 563 + 765

3) 452 + 675

4) 895 + 653

5) 785 + 321

6) 237 + 891

7) 324 + 895

8) 672 + 562

9) 783 + 345

10) 456 + 633

11) 789 + 234

12) 228 + 678

# 3 DIGIT ADDITION

1) 657 + 902

2) 302 + 608

3) 876 + 967

4) 896 + 673

5) 465 + 674

6) 432 + 789

7) 680 + 167

8) 102 + 165

9) 203 + 223

10) 309 + 604

11) 507 + 703

12) 403 + 355

# 3 DIGIT ADDITION

1) 876 + 457

2) 890 + 306

3) 603 + 489

4) 903 + 788

5) 569 + 543

6) 899 + 978

7) 703 + 232

8) 787 + 187

9) 983 + 882

10) 764 + 644

11) 370 + 894

12) 286 + 847

# 3 DIGIT ADDITION

1) 754 + 355

2) 507 + 644

3) 894 + 489

4) 545 + 273

5) 193 + 343

6) 543 + 378

7) 453 + 221

8) 987 + 165

9) 123 + 362

10) 439 + 124

11) 327 + 804

12) 426 + 749

# 3 DIGIT ADDITION

1) 238 + 963

2) 698 + 344

3) 364 + 899

4) 800 + 943

5) 323 + 143

6) 783 + 378

7) 453 + 742

8) 707 + 165

9) 983 + 783

10) 893 + 236

11) 357 + 453

12) 276 + 102

# 3 DIGIT ADDITION

1) 543 + 363

2) 748 + 424

3) 234 + 859

4) 803 + 783

5) 373 + 203

6) 283 + 678

7) 783 + 242

8) 567 + 985

9) 673 + 453

10) 880 + 176

11) 427 + 953

12) 346 + 732

# 3 DIGIT ADDITION

1) 733 + 243

2) 568 + 894

3) 244 + 809

4) 845 + 783

5) 523 + 567

6) 832 + 698

7) 776 + 222

8) 667 + 455

9) 173 + 403

10) 830 + 186

11) 997 + 933

12) 333 + 832

# 3 DIGIT ADDITION

1)  433
  + 893
  ―――

2)  238
  + 194
  ―――

3)  144
  + 109
  ―――

4)  245
  + 183
  ―――

5)  223
  + 167
  ―――

6)  232
  + 398
  ―――

7)  476
  + 822
  ―――

8)  867
  + 255
  ―――

9)  773
  + 903
  ―――

10) 130
  + 686
  ―――

11) 397
  + 733
  ―――

12) 433
  + 522
  ―――

# 3 DIGIT ADDITION

1) 542
 + 193
 ─────

2) 378
 + 394
 ─────

3) 788
 + 349
 ─────

4) 567
 + 183
 ─────

5) 456
 + 167
 ─────

6) 786
 + 298
 ─────

7) 367
 + 422
 ─────

8) 167
 + 155
 ─────

9) 573
 + 803
 ─────

10) 930
 + 486
 ─────

11) 797
 + 333
 ─────

12) 633
 + 552
 ─────

# 3 DIGIT SUBTRACTION

1) 232 − 171

2) 762 − 431

3) 452 − 174

4) 562 − 134

5) 762 − 261

6) 568 − 481

7) 522 − 437

8) 512 − 102

9) 532 − 361

10) 985 − 453

11) 874 − 181

12) 382 − 147

# 3 DIGIT SUBTRACTION

1) 893
  - 221
  _____

2) 992
  - 731
  _____

3) 567
  - 374
  _____

4) 953
  - 174
  _____

5) 874
  - 346
  _____

6) 878
  - 481
  _____

7) 922
  - 537
  _____

8) 773
  - 872
  _____

9) 872
  - 634
  _____

10) 983
  - 493
  _____

11) 944
  - 341
  _____

12) 672
  - 237
  _____

# 3 DIGIT SUBTRACTION

1) 762 − 451

2) 762 − 43

3) 452 − 74

4) 983 − 843

5) 873 − 653

6) 983 − 741

7) 892 − 97

8) 763 − 542

9) 452 − 221

10) 763 − 123

11) 764 − 181

12) 732 − 487

# 3 DIGIT SUBTRACTION

1) 783 − 281

2) 762 − 541

3) 452 − 344

4) 562 − 176

5) 962 − 789

6) 568 − 231

7) 522 − 342

8) 512 − 243

9) 532 − 342

10) 985 − 342

11) 874 − 652

12) 382 − 342

# 3 DIGIT SUBTRACTION

1) 232
   - 149
   _____

2) 762
   - 176
   _____

3) 452
   - 189
   _____

4) 562
   - 163
   _____

5) 762
   - 745
   _____

6) 568
   - 324
   _____

7) 522
   - 253
   _____

8) 512
   - 324
   _____

9) 577
   - 542
   _____

10) 985
    - 753
    _____

11) 874
    - 381
    _____

12) 382
    - 347
    _____

# 3 DIGIT SUBTRACTION

1) 432 − 237

2) 332 − 231

3) 452 − 333

4) 562 − 444

5) 762 − 331

6) 568 − 381

7) 522 − 456

8) 512 − 342

9) 532 − 341

10) 985 − 563

11) 874 − 341

12) 382 − 117

# 3 DIGIT SUBTRACTION

1) 452 − 371

2) 542 − 331

3) 762 − 456

4) 789 − 155

5) 786 − 451

6) 890 − 456

7) 897 − 456

8) 555 − 353

9) 763 − 651

10) 565 − 343

11) 564 − 541

12) 452 − 147

# 3 DIGIT SUBTRACTION

1) 902 − 341

2) 892 − 431

3) 782 − 174

4) 765 − 134

5) 945 − 761

6) 902 − 781

7) 892 − 437

8) 893 − 172

9) 890 − 561

10) 945 − 473

11) 894 − 451

12) 452 − 147

# 3 DIGIT SUBTRACTION

1) 232
   - 171
   ───

2) 762
   - 431
   ───

3) 452
   - 174
   ───

4) 862
   - 134
   ───

5) 962
   - 761
   ───

6) 968
   - 781
   ───

7) 522
   - 437
   ───

8) 512
   - 102
   ───

9) 732
   - 561
   ───

10) 985
    - 453
    ───

11) 974
    - 581
    ───

12) 382
    - 147
    ───

# 3 DIGIT SUBTRACTION

1) 562 − 171

2) 782 − 431

3) 342 − 174

4) 782 − 134

5) 732 − 761

6) 568 − 481

7) 562 − 437

8) 772 − 102

9) 842 − 561

10) 965 − 453

11) 834 − 481

12) 782 − 147

# WRITE THE CORRECT ANSWER
## (ADDITION)

181 + ___ = 309

561 + ___ = 897

545 + ___ = 803

126 + ___ = 678

281 + ___ = 309

543 + ___ = 697

473 + ___ = 603

346 + ___ = 458

576 + ___ = 888

# WRITE THE CORRECT ANSWER
## (ADDITION)

345 + ___ = 709

761 + ___ = 797

675 + ___ = 803

566 + ___ = 678

267 + ___ = 309

545 + ___ = 697

345 + ___ = 603

676 + ___ = 958

567 + ___ = 888

# WRITE THE CORRECT ANSWER
## (ADDITION)

567 + ____ = 909

534 + ____ = 897

345 + ____ = 803

743 + ____ = 978

347 + ____ = 809

783 + ____ = 997

563 + ____ = 603

456 + ____ = 758

676 + ____ = 888

# WRITE THE CORRECT ANSWER
## (ADDITION)

654 + ___ = 709

342 + ___ = 797

455 + ___ = 703

346 + ___ = 678

851 + ___ = 909

433 + ___ = 697

563 + ___ = 603

366 + ___ = 458

436 + ___ = 880

# WRITE THE CORRECT ANSWER
## (ADDITION)

456 + ___ = 709

456 + ___ = 897

785 + ___ = 803

336 + ___ = 678

781 + ___ = 809

563 + ___ = 676

343 + ___ = 503

676 + ___ = 858

346 + ___ = 888

# WRITE THE CORRECT ANSWER
## (ADDITION)

456 + ___ = 809

671 + ___ = 897

145 + ___ = 303

456 + ___ = 678

234 + ___ = 309

456 + ___ = 697

456 + ___ = 603

246 + ___ = 458

256 + ___ = 888

# WRITE THE CORRECT ANSWER
## (ADDITION)

345 + ___ = 709

741 + ___ = 897

785 + ___ = 803

456 + ___ = 678

541 + ___ = 609

743 + ___ = 997

453 + ___ = 603

746 + ___ = 958

876 + ___ = 888

# WRITE THE CORRECT ANSWER
## (ADDITION)

234 + ___ = 309

653 + ___ = 897

453 + ___ = 803

653 + ___ = 878

453 + ___ = 709

543 + ___ = 777

473 + ___ = 893

566 + ___ = 658

673 + ___ = 888

# WRITE THE CORRECT ANSWER
## (ADDITION)

543 + ___ = 609

761 + ___ = 897

455 + ___ = 803

556 + ___ = 678

761 + ___ = 809

543 + ___ = 997

473 + ___ = 773

346 + ___ = 878

576 + ___ = 988

# WRITE THE CORRECT ANSWER
## (ADDITION)

231 + ___ = 309

561 + ___ = 697

545 + ___ = 903

126 + ___ = 978

281 + ___ = 709

543 + ___ = 997

473 + ___ = 803

346 + ___ = 768

576 + ___ = 876

# WRITE THE CORRECT ANSWER
## (SUBTRACTION)

781 - ____ = 409

561 - ____ = 397

545 - ____ = 103

726 - ____ = 678

781 - ____ = 309

543 - ____ = 297

473 - ____ = 203

446 - ____ = 158

576 - ____ = 388

# WRITE THE CORRECT ANSWER
## (SUBTRACTION)

621 - ___ = 509

567 - ___ = 390

534 - ___ = 303

743 - ___ = 478

754 - ___ = 409

545 - ___ = 397

454 - ___ = 256

459 - ___ = 178

569 - ___ = 345

# WRITE THE CORRECT ANSWER
## (SUBTRACTION)

880 - ___ = 509

661 - ___ = 497

545 - ___ = 203

726 - ___ = 588

790 - ___ = 409

554 - ___ = 397

456 - ___ = 253

454 - ___ = 258

534 - ___ = 308

# WRITE THE CORRECT ANSWER
## (SUBTRACTION)

954 - ___ = 709

961 - ___ = 697

545 - ___ = 234

726 - ___ = 345

745 - ___ = 254

874 - ___ = 547

473 - ___ = 303

446 - ___ = 258

676 - ___ = 388

# WRITE THE CORRECT ANSWER
## (SUBTRACTION)

345 - ____ = 54

156 - ____ = 97

345 - ____ = 145

426 - ____ = 178

681 - ____ = 209

643 - ____ = 397

673 - ____ = 303

746 - ____ = 358

276 - ____ = 88

# WRITE THE CORRECT ANSWER
## (SUBTRACTION)

281 - ____ = 59

261 - ____ = 197

345 - ____ = 303

726 - ____ = 478

581 - ____ = 309

643 - ____ = 397

473 - ____ = 343

476 - ____ = 158

579 - ____ = 388

# WRITE THE CORRECT ANSWER
## (SUBTRACTION)

456 - ___ = 309

561 - ___ = 237

479 - ___ = 103

999 - ___ = 678

790 - ___ = 309

545 - ___ = 207

445 - ___ = 353

336 - ___ = 158

576 - ___ = 88

# WRITE THE CORRECT ANSWER
## (SUBTRACTION)

903 - ____ = 409

563 - ____ = 397

545 - ____ = 253

726 - ____ = 348

781 - ____ = 459

543 - ____ = 367

473 - ____ = 323

446 - ____ = 238

576 - ____ = 238

# WRITE THE CORRECT ANSWER
## (SUBTRACTION)

781 - ___ = 567

561 - ___ = 247

545 - ___ = 343

765 - ___ = 348

743 - ___ = 309

578 - ___ = 297

473 - ___ = 324

446 - ___ = 358

576 - ___ = 258

# WRITE THE CORRECT ANSWER
## (SUBTRACTION)

234 - ___ = 109

534 - ___ = 397

445 - ___ = 103

726 - ___ = 478

781 - ___ = 409

543 - ___ = 347

473 - ___ = 133

346 - ___ = 158

576 - ___ = 278

# PRACTICE HERE:
## (ADDITION)

☐ + ☐ = ☐

☐ + ☐ = ☐

☐ + ☐ = ☐

☐ + ☐ = ☐

☐ + ☐ = ☐

☐ + ☐ = ☐

☐ + ☐ = ☐

# PRACTICE HERE:
## (ADDITION)

☐ + ☐ = ☐

☐ + ☐ = ☐

☐ + ☐ = ☐

☐ + ☐ = ☐

☐ + ☐ = ☐

☐ + ☐ = ☐

☐ + ☐ = ☐

# PRACTICE HERE:
## (ADDITION)

|        +        =        |

|            +            =            |

|       +       =       |

|           +           =           |

|        +        =        |

|          +          =          |

|       +       =       |

# PRACTICE HERE:
## (ADDITION)

| + | = |

| + | = |

| + | = |

| + | = |

| + | = |

| + | = |

| + | = |

# PRACTICE HERE:
## (ADDITION)

☐ + ☐ = ☐

☐ + ☐ = ☐

☐ + ☐ = ☐

☐ + ☐ = ☐

☐ + ☐ = ☐

☐ + ☐ = ☐

☐ + ☐ = ☐

# PRACTICE HERE:
## (ADDITION)

☐ + ☐ = ☐

☐ + ☐ = ☐

☐ + ☐ = ☐

☐ + ☐ = ☐

☐ + ☐ = ☐

☐ + ☐ = ☐

☐ + ☐ = ☐

# PRACTICE HERE:
## (ADDITION)

| + = |

| + = |

| + = |

| + = |

| + = |

| + = |

| + = |

# PRACTICE HERE:
## (ADDITION)

+ =

+ =

+ =

+ =

+ =

+ =

+ =

# PRACTICE HERE:
## (ADDITION)

☐ + ☐ = ☐

☐ + ☐ = ☐

☐ + ☐ = ☐

☐ + ☐ = ☐

☐ + ☐ = ☐

☐ + ☐ = ☐

☐ + ☐ = ☐

# PRACTICE HERE:
## (ADDITION)

☐ + ☐ = ☐

☐ + ☐ = ☐

☐ + ☐ = ☐

☐ + ☐ = ☐

☐ + ☐ = ☐

☐ + ☐ = ☐

☐ + ☐ = ☐

# PRACTICE HERE:
## (SUBTRACTION)

☐ - ☐ = ☐

☐ - ☐ = ☐

☐ - ☐ = ☐

☐ - ☐ = ☐

☐ - ☐ = ☐

☐ - ☐ = ☐

☐ - ☐ = ☐

# PRACTICE HERE:
## (SUBTRACTION)

☐ - ☐ = ☐

☐ - ☐ = ☐

☐ - ☐ = ☐

☐ - ☐ = ☐

☐ - ☐ = ☐

☐ - ☐ = ☐

☐ - ☐ = ☐

# PRACTICE HERE:
## (SUBTRACTION)

|   -   =   |

|   -   =   |

|   -   =   |

|   -   =   |

|   -   =   |

|   -   =   |

|   -   =   |

# PRACTICE HERE:
## (SUBTRACTION)

| _____ - _____ = _____ |

| _____ - _____ = _____ |

| _____ - _____ = _____ |

| _____ - _____ = _____ |

| _____ - _____ = _____ |

| _____ - _____ = _____ |

| _____ - _____ = _____ |

# PRACTICE HERE:
## (SUBTRACTION)

☐ - ☐ = ☐

☐ - ☐ = ☐

☐ - ☐ = ☐

☐ - ☐ = ☐

☐ - ☐ = ☐

☐ - ☐ = ☐

☐ - ☐ = ☐

# PRACTICE HERE:
## (SUBTRACTION)

|         -         =         |

            |         -         =         |

|         -         =         |

            |         -         =         |

|         -         =         |

            |         -         =         |

|         -         =         |

# PRACTICE HERE:
## (SUBTRACTION)

_ - _ = _

_ - _ = _

_ - _ = _

_ - _ = _

_ - _ = _

_ - _ = _

_ - _ = _

# PRACTICE HERE:
## (SUBTRACTION)

|       -       =       |

|              -              =              |

|       -       =       |

|              -              =              |

|       -       =       |

|              -              =              |

|       -       =       |

# PRACTICE HERE:
## (SUBTRACTION)

☐ - ☐ = ☐

☐ - ☐ = ☐

☐ - ☐ = ☐

☐ - ☐ = ☐

☐ - ☐ = ☐

☐ - ☐ = ☐

☐ - ☐ = ☐

# PRACTICE HERE:
## (SUBTRACTION)

|         -         =         |

               |         -         =         |

|         -         =         |

          |         -         =         |

|         -         =         |

          |         -         =         |

|         -         =         |

www.ingramcontent.com/pod-product-compliance
Lightning Source LLC
Chambersburg PA
CBHW060426220526
45465CB00008B/3036